SOCIÉTÉ ROYALE ET CENTRALE

D'AGRICULTURE.

RAPPORT

DE

M. LE V.ᵗᵉ. HÉRICART DE THURY

SUR

LE CONCOURS

OUVERT

POUR LE PERCEMENT DES PUITS FORÉS,

A L'EFFET

D'OBTENIR DES EAUX JAILLISSANTES APPLICABLES AUX BESOINS DE L'AGRICULTURE.

SÉANCE PUBLIQUE DU 18 AVRIL 1830.

PARIS,

IMPRIMERIE DE Mᵐᵉ. HUZARD (NÉE VALLAT LA CHAPELLE),

Imprimeur de la Société,

RUE DE L'ÉPERON-SAINT-ANDRÉ-DES-ARTS, Nᵒ. 7.

1830.

RAPPORT

DE

M. LE Vᵀᴱ. HÉRICART DE THURY

SUR

LE CONCOURS

OUVERT

POUR LE PERCEMENT DES PUITS FORÉS.

N° 1.

Théorie des fontaines jaillissantes des puits forés suivant la méthode Artésienne.

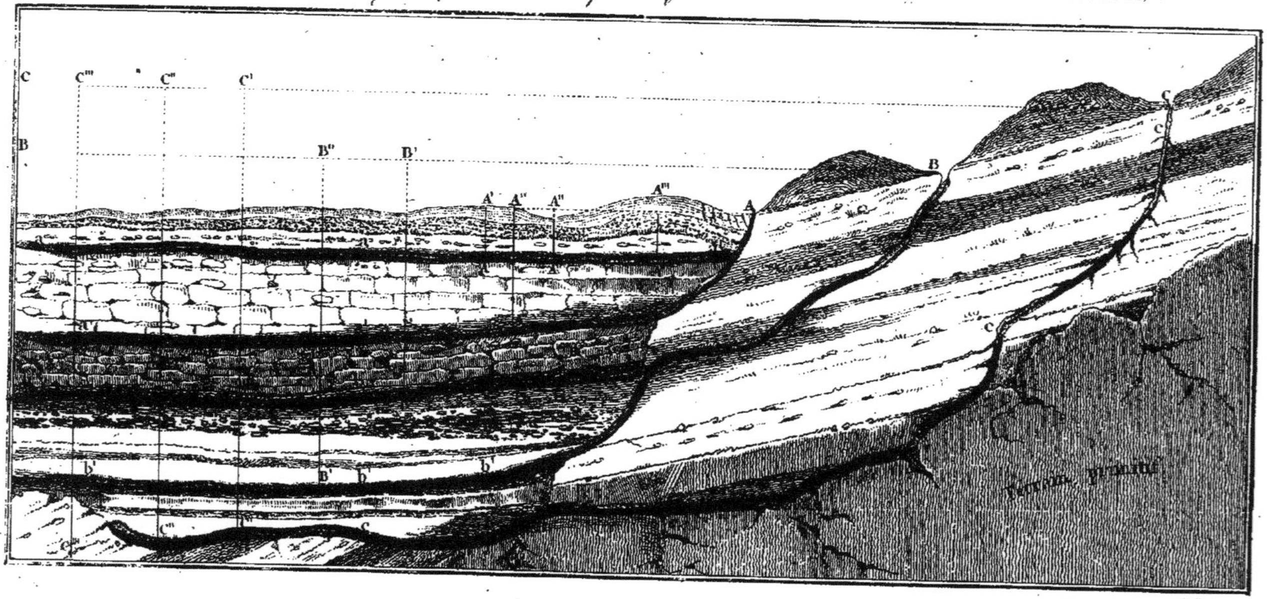

S. Botta sc.

N° 2.

Application de la théorie des puits forés à la coupe oryctognostique des Vosges au Hâvre.

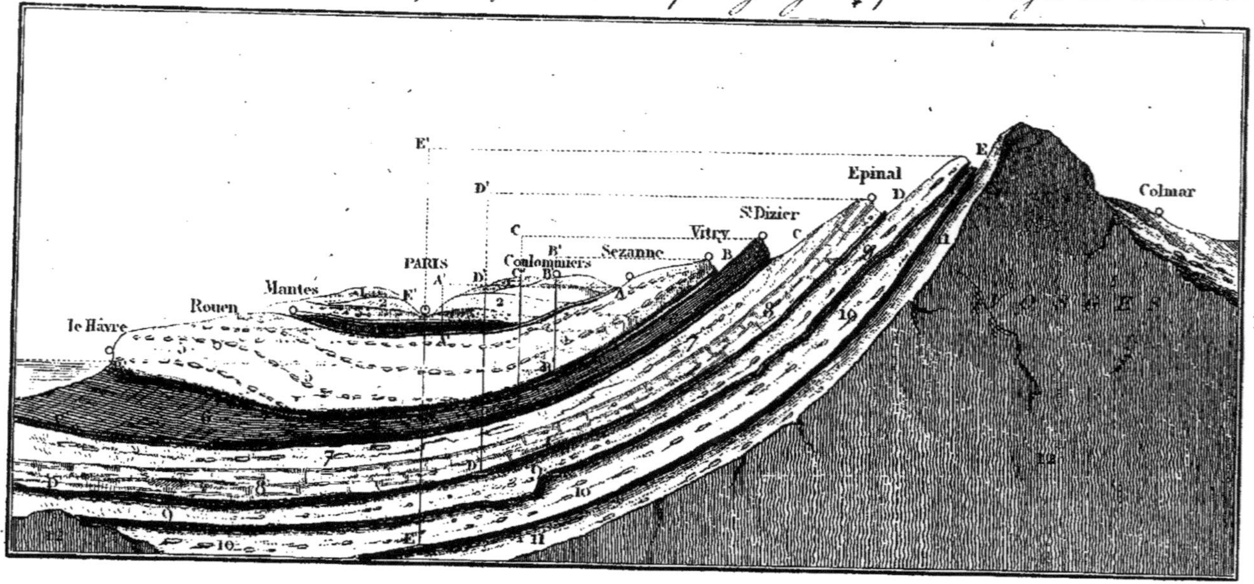
le Hâvre
Rouen
Mantes
PARIS
Coulommiers
Sezanne
Vitry
S.t Dizier
Epinal
Colmar
E
E'
D
D'
C
C'
B
B'
A
A'
F'
VOSGES
1
2
7
8
9
10
11
12

S. Botta sc.

SOCIÉTÉ ROYALE ET CENTRALE

D'AGRICULTURE.

RAPPORT

DE

M. LE Vte. HÉRICART DE THURY

SUR

LE CONCOURS

OUVERT

POUR LE PERCEMENT DES PUITS FORÉS,

A L'EFFET

D'OBTENIR DES EAUX JAILLISSANTES APPLICABLES AUX BESOINS DE L'AGRICULTURE.

SÉANCE PUBLIQUE DU 18 AVRIL 1830.

PARIS,

IMPRIMERIE DE Mme. HUZARD (née VALLAT LA CHAPELLE),
Imprimeur de la Société,
RUE DE L'ÉPERON-SAINT-ANDRÉ-DES-ARTS, N°. 7.

1830.

« De tristes plaines dépourvues de verdure et de végé-
» tation attendent vainement le secours d'une eau salu-
» taire et féconde : une humidité immobile et meurtrière,
» ou une sécheresse sans espérance semble les condamner
» à l'abandon et à l'inutilité; mais l'humanité est là, assistée
» de la science et de l'industrie. Une sonde habilement
» dirigée demande au sol la source qu'il recèle et dont il
» ne sait pas jouir.

» L'espace, la résistance, la fatigue, le doute, plus
» décourageant que tout le reste, rien ne rebute ceux à
» qui l'instrument obéit, rien n'arrête ou ne rebute leurs
» efforts ; la sonde presse, elle lutte, elle s'obstine, et une
» eau jaillissante suit en bouillonnant le fer qui se retire,
» et porte avec elle la vie et la fertilité. »

Discours de M. le Vicomte DE MARTIGNAC,
*présidant la séance publique de la Société
royale et centrale d'Agriculture de
l'année* 1829.

EXPLICATION

DES

FRONTISPICES [*].

QUELLE que soit l'origine de l'eau produite par un puits foré, soit que cette eau provienne d'une nappe souterraine, soit qu'elle résulte d'un effluve ou courant souterrain, on peut en chercher l'explication dans la théorie des jets d'eau ou dans celle des siphons.

En effet, les sources jaillissantes naturelles ayant lieu toutes les fois qu'il existe un bassin supérieur d'où l'eau peut s'écouler par des conduits naturels, on voit 1°. qu'un puits foré à l'aide de la sonde des fonteniers n'est réellement qu'une issue artificielle, ne différant de ces conduits naturels que par la régularité de ses parois et de sa direction, qui doivent faciliter le jaillissement des eaux ;

2°. Que le succès d'un forage sera d'autant

---

[*] Extrait des *Considérations géologiques et physiques sur la théorie des puits forés ou fontaines artificielles*, in-8°. Paris, 1829, imprimerie de Firmin Didot.

plus assuré qu'on l'aura pratiqué dans un pays composé de couches imperméables, séparées par des couches perméables ou des lits de sable ou de gravier à travers lesquels les épanchemens des amas d'eau souterraine ou des bassins supérieurs s'infiltrent;

Et 3°. qu'il y aura moins de chances de succès dans les terrains compactes et entièrement imperméables, qui n'offrent que des effluves ou courans souterrains s'échappant par des crevasses, des fentes ou des perforations irrégulières dans les couches ou les bancs de pierre.

PREMIER FRONTISPICE.

Théorie des fontaines jaillissantes des puits forés suivant la méthode artésienne.

Ce frontispice représente la coupe géologique d'un pays dans lequel le terrain primitif est recouvert, d'une part, de terrains de transition ou intermédiaires, en partie compactes et en partie cristallisés, disposés en couches inclinées, avec des fentes, retraites ou crevasses, traversant les couches en différens sens, et, d'autre part, de terrains de sédiment secondaires, de terrains de transport et d'alluvion en couches horizontales, qui s'appuient contre les forma-

tions intermédiaires ou de transition et les recouvrent en profondeur.

Les parties supérieures de ce pays présentent,
à différentes hauteurs, des bassins, des lacs ou rivières A, B, C (Pl. I), placés soit sur la ligne
de juxta-position des terrains de transport ou
d'alluvion et des terrains de transition , soit sur
celle de ces derniers et des terrains primitifs.

Lorsque les eaux de ces bassins , lacs ou rivières trouvent au dessous de leur lit des terrains perméables ou des fentes , crevasses et
puisards, elles se perdent ou s'infiltrent par ces
issues et s'épanchent souterrainement à de plus
ou moins grandes profondeurs en formant des
nappes aa, $a'a'$, bb, $b'b'$, à travers les sables
ou graviers , sur les argiles ou terrains imperméables , ou bien en formant des courans irréguliers, comme le présente la ligne de superposition cc des terrains de transport sur ceux de
sédiment.

Le puits foré A′, descendu jusqu'à la nappe
d'eau aa , alimentée par l'épanchement du bassin A, donnera des eaux remontantes qui arrive-
ront à la surface de la terre ; tandis que dans les
puits A″ elles jailliront au dessus, et que, dans
les puits A‴, elles lui resteront inférieures, en se
mettant , dans chacun de ces puits, à une hau-

teur proportionnée à celle du niveau du bassin A.

Quant au puits A , qui est deux fois plus profond que les précédens, malgré sa plus grande profondeur et les deux nappes d'eau qu'il a traversées aa et $a'a'$, ses eaux ne remonteront pas plus haut que celles des puits A', A'' et A''', parce que ces deux nappes d'eau sont , l'une et l'autre , alimentées par celle du bassin A.

De même, dans le puits foré B', approfondi jusqu'à la nappe d'eau bb, on obtiendra un jet remontant au dessus de la surface de la terre, à une hauteur proportionnée à celle du bassin B, et le puits foré B'', quoique d'un tiers plus profond que le précédent et atteignant les deux nappes bb et $b'b'$, donnera un jet qui ne s'élèvera qu'à la même hauteur, puisque les deux nappes d'eau proviennent du même bassin B.

Enfin , les puits C', C'' et C''', alimentés par les eaux de l'effluve irrégulier cc, qui prennent leur origine dans le bassin C , font voir, 1°. que le puits C'', s'il n'était percé qu'à la profondeur du puits C', ne donnerait pas d'eau, puisque l'effluve suit les mouvemens irréguliers de la surface des terrains inférieurs, et qu'il faudrait continuer son forage pour atteindre plus bas l'eau en C''; et 2°. que le puits C''', descendu plus bas encore que le puits C'', ne donnera pas d'eau de cette profondeur, à cause du relèvement du terrain intermédiaire ou de transition , qui interrompt dans cette partie l'écoulement de l'effluve *cc*, ou que si ce puits donnait des eaux jaillissantes, ce ne seraient que celles des nappes *bb* et *b'b'* qu'il aurait traversées, et qu'ainsi, malgré la profondeur de ce puits, le jaillissement de l'eau ne pourrait jamais s'élever au dessus de celui des deux puits B et B'.

SECOND FRONTISPICE.

Application de la théorie des puits forés à une coupe oryctognostique de France, de l'est à l'ouest, ou des Vosges au Havre.

La coupe que présente ce frontispice n'est point hypothétique. Elle présente : 1°. l'ensemble des grandes formations que les géologues ont reconnu exister de la chaîne des Vosges à la mer, en passant par Épinal, Saint-Dizier, Vitry, Sezanne, Coulommiers, Paris, Nantes, Rouen et le Havre; et 2°. l'application de la théorie des puits forés exposée dans le premier frontispice.

Ainsi, en prenant les environs de Paris pour exemple, à raison des dernières formations qui ont recouvert notre continent, on voit, dans cette coupe, sous le nº. 1, la formation supérieure de nos grandes collines, qui comprennent les limons d'alluvion, les meulières et les marnes d'eau douce, et au dessous les grès et les sables.

Nº. 2. Les marnes marines, et au dessous la seconde formation d'eau douce, qui comprend les marnes et les trois grandes masses de gypse.

Nº. 3. Le calcaire marin à cérites recouvert de marnes et de calcaire siliceux, et ayant au dessous de lui des sables et des grès calcaires.

Nº. 4. Les lignites, leurs sables et les argiles plastiques avec leurs lignites pyriteux, la première formation d'eau douce de MM. *Cuvier* et *Brongniart.*

Nº. 5. La grande masse de craie ou la formation crétacée, dont la partie supérieure est à l'état de tuf tendre et craïeux, le milieu dur et pierreux, et la partie inférieure, colorée par la chlorite, est connue sous le nom de glauconie. Dans les parties supérieure et intermédiaire, on trouve de nombreuses couches de silex disséminés plus ou moins régulièrement.

Nº. 6. Les argiles, les marnes-lumachelles et le calcaire corallique avec les calcaires pyriteux.

Nº. 7. Les différentes formations des calcaires oolithique, zoophytique, compacte et jurassique.

N°. 8. Le calcaire marneux des lias, le calcaire à gryphites, et les grès des lias avec leurs argiles, les gypses et le sel.

N°. 9. Les grès bigarrés, les argiles et leur formation psammitique.

N°. 10. Les arkoses, les terrains houillers et leurs argiles schisteuses impressionnées.

N°. 11. Les terrains intermédiaires et toutes leurs formations.

N°. 12. Enfin, le terrain primitif de la chaîne des Vosges, ou les granits, les gneiss et autres roches primitives.

Dans la superposition des différentes formations qu'on vient de voir, il existe des couches terreuses ou pierreuses plus ou moins perméables, dans lesquelles les eaux des vallées ou bassins supérieurs s'infiltrent. Ainsi, par exemple, près de Sezanne, les eaux qui coulent en A à la jonction de la craie n°. 5, et des terrains n°. 4, 3, 2 et 1 qui la recouvrent, s'écoulent sur la masse de craie ou s'infiltrent dans son intérieur, si la partie supérieure a éprouvé des accidens postérieurement à la formation, et y forment une nappe d'eau A'A', qui tend à remonter au dessus de la surface de la terre, et à reprendre le niveau de leur point de départ A, partout où elle trouve des issues, et par conséquent par les issues artificielles qu'on y perce à l'aide de la sonde, telles que le puits foré A'A'.

De même les puits forés B', C', D', E', descendus aux profondeurs convenables, atteindront les nappes d'eau qui proviennent des bassins supérieurs, savoir : le puits B' B', celles qui s'infiltrent en B dans les environs de Vitry, sous les craies, n°. 5, et les argiles ou marnes des lumachelles du calcaire corallique, n°. 6 ;

Le puits C' C', les eaux provenant du bassin C aux environs de Saint-Dizier, et qui s'infiltrent entre les marnes des lumachelles et les calcaires corallique et pyriteux n°. 6, et les différentes formations des calcaires oolithique, zoophytique, compacte et jurassique, n°. 7, et forment la nappe d'eau C' C';

Les puits D' D', les eaux du bassin d'Epinal en D, entre les diverses formations du calcaire lias n°. 8, et celles du calcaire n°. 7 qui les recouvrent, et sous lesquelles les eaux forment la nappe D' D', dont les eaux reprendraient leur niveau à la hauteur du bassin D, par le puits D' D';

Enfin le puits E' E', les eaux d'un bassin supérieur de la chaîne des Vosges supposé en D, dont les eaux s'infiltrent entre les psammites, les arkoses et leurs argiles, n°. 10, et le terrain

de formation intermédiaire, n°. 11, en formant
entre ces terrains une nappe d'eau E′ E′.

Nous devons faire observer qu'en désignant,
dans cette coupe, les cinq nappes d'eau A′, B′,
C′, D′ et E′, nous n'avons pas entendu dire que
par des sondages on ne rencontrerait, dans l'é-
tendue de ces terrains, que ces cinq niveaux d'eau
seulement : nous pensons, au contraire, qu'il en
existe un plus grand nombre, et qu'on en trou-
vera même plusieurs dans chaque formation ;
mais nous avons dû nous réduire à ce petit nombre d'exemples plus que suffisant pour l'explication de la théorie des fontaines jaillissantes artificielles, percées suivant la méthode artésienne.

PROGRAMME

D'UN CONCOURS

POUR

LE PERCEMENT DES PUITS FORÉS

SUIVANT LA MÉTHODE ARTÉSIENNE,

A L'EFFET

D'OBTENIR DES EAUX JAILLISSANTES APPLICABLES AUX BESOINS DE L'AGRICULTURE.

Il y a plus d'un siècle et demi (en 1671) que le célèbre *Dominique Cassini*, qui fut appelé d'Italie en France par Louis XIV, et bientôt après élu membre de l'Académie royale des Sciences, fit connaître les fontaines artésiennes de Modène.

Bélidor écrivait, en 1729, qu'il avait vu, au monastère de Saint-André, à une demi-lieue d'Aire, en Artois, un puits foré qui donnait plus de 20 mètres cubes d'eau par heure, à la hauteur de 4 mètres au dessus du rez-de-chaussée. (*Science de l'ingénieur,* liv. 4, chap. 12.)

Les progrès dans les arts se développent comme

2

les inventions : les premiers pas sont rapides ; mais bientôt l'exécution présente des difficultés qui en retardent ou suspendent le cours.

L'art du *fontenier-sondeur* est pratiqué, depuis un siècle au moins, dans les anciennes provinces du nord de la France, et c'est seulement dans ces dernières années que, par les efforts combinés de nos ingénieurs les plus expérimentés et des mécaniciens les plus habiles, la pratique de cet art a pu s'étendre à quelques autres départemens.

L'Ecole de métallurgie, fondée sous le règne de Louis XVI; la création, en 1794, d'un corps des Ingénieurs des mines ont donné à la géologie et à la minéralogie une direction scientifique qui jette le plus grand jour sur les procédés des arts dépendans de ces deux sciences. C'est principalement aux recherches de ce corps savant, à MM. *Héricart de Thury, Garnier, Baillet*, etc.; aux publications qu'ils ont faites sur le sondage et sur le percement des puits forés; aux travaux d'une grande Société, formée, sous les auspices du Ministère de l'intérieur, pour l'encouragement des arts, que nous devons l'introduction du sondage dans les départemens de la Somme, des Ardennes, de la Moselle, de Seine-et-Marne et de la Seine.

La Société royale et centrale d'Agriculture est informée que, dans plusieurs parties de la France, des cotisations ont été faites pour creuser, à frais communs, des puits forés ; que la Direction générale des mines a recommandé à MM. les Ingénieurs de seconder de tous leurs moyens les essais de ce genre, qu'elle a chargé l'un d'eux de rédiger une Instruction, qui s'étendra à tous les genres de terrains dont se compose le sol de la France. Elle ne doit pas laisser ignorer que, dans les localités les plus favorables au percement des puits forés, à Béthune, par exemple, un trou de sonde de 33 mètres de profondeur est tombé sur une source dont les eaux se sont élevées à la surface du sol, et qu'un second sondage voisin du premier, poussé jusqu'à 60 mètres, n'a point rencontré de banc aquifère. Sans remonter aux causes premières de l'existence des eaux souterraines et de la discontinuité des réservoirs qui renferment ces eaux ; sans examiner les forces qui font jaillir ces eaux à la surface du sol, la Société a pensé que le succès qui a couronné plusieurs tentatives faites récemment dans les départemens de la Seine, de Seine-et-Oise et de Seine-et-Marne, était un motif suffisant pour provoquer, par un concours général, de nouvelles recherches.

En conséquence, la Société royale et centrale d'Agriculture distribuera, dans sa séance publique de 1830, trois prix : le premier de 3,000 fr.; le second, de 2,000 fr.; le troisième de 1,000 fr., aux propriétaires, cultivateurs, ingénieurs ou mécaniciens qui auront percé un ou plusieurs puits forés, dont l'eau s'élèvera à la surface du sol.

Les concurrens feront connaître par un procès-verbal,

1°. Le site et la profondeur des puits forés;

2°. Le volume d'eau que ces puits donnent en vingt-quatre heures;

3°. La température de l'eau dans l'intérieur des puits.

Ils joindront à ce procès-verbal des échantillons de terres ou pierres, pris dans les diverses couches de terrain traversées par la sonde, avec la note des épaisseurs de ces couches, et les mémoires de toutes les dépenses de sondage.

Les concurrens seront tenus de faire constater par les Autorités locales, par MM. les Ingénieurs des mines ou des ponts et chaussées, et par les Sociétés savantes, s'il en existe dans le département, les faits énoncés dans les procès-verbaux qu'ils enverront au concours.

La Société, d'après le rapport qui lui sera

fait par la Commission chargée de l'examen du concours, accordera les prix aux travaux de sondage qu'elle jugera les plus utiles à l'agriculture, et les plus dignes, sous tous les rapports, d'obtenir la récompense proposée.

Observations.

Pour donner aux concurrens tous les moyens et renseignemens qu'ils pourraient désirer sur les percemens des puits forés, la Société royale et centrale d'Agriculture a décidé qu'à la suite du présent programme elle publierait les recherches (1) qui lui ont été présentées par M. le vicomte *Héricart de Thury* sur le gisement des eaux dans le sein de la terre, relativement aux fontaines jaillissantes des puits forés, ses observations sur la cause de leur jaillissement, et ses recherches sur les fontaines des puits forés en France; enfin l'indication des personnes et des ouvrages à consulter sur la construction de la sonde, la manière de s'en servir, et les sondeurs auxquels on peut s'adresser pour le percement des puits forés.

____

(1) Nous ne reproduisons pas ici ces recherches, l'auteur ayant, depuis la publication de ce programme, fait imprimer ses *Considérations géologiques et physiques sur la théorie des puits forés ou fontaines artificielles.*

RAPPORT

DE

M. LE V^{TE}. HÉRICART DE THURY

SUR

*Le Concours ouvert pour le percement des Puits
forés suivant la Méthode artésienne , à l'effet
d'obtenir des eaux jaillissantes applicables
aux besoins de l'agriculture.*

(Séance publique de 1830.)

MESSIEURS,

Depuis le Programme que vous avez publié
en 1828 pour le concours du percement des
puits forés suivant la méthode artésienne (1), un
élan général semble s'être communiqué, nous
ne dirons pas d'une extrémité de la France à
l'autre, mais bien d'un bout à l'autre de l'Eu-
rope. Votre appel, Messieurs, a été entendu ;
il a été répété partout, même au delà des mers.

On a été généralement étonné qu'une chose

(1) Voyez page 17.

aussi simple, aussi utile, aussi peu coûteuse, enfin aussi ancienne, ne fût pas plus répandue. Nous disons aussi ancienne, car quoique les puits forés soient universellement désignés aujourd'hui sous le nom de puits artésiens, leur invention paraît remonter aux temps les plus reculés, puisque dans l'Orient il existe des puits étroits et très profonds, indiqués sous le nom de puits grecs, et qui n'ont pu être percés qu'avec des machines; que des voyageurs en ont reconnu plusieurs au milieu des ruines de différentes villes; que les hydræum et les hydreuma des stations græco-romaines, des itinéraires des déserts arabique et lybique, aux Oasis et à la mer Rouge, sont des puits profonds d'un très petit diamètre, dont les eaux surgissent au fond des entonnoirs creusés dans les sables : tels sont les Hydræum Jovis, Apollonis Cœnoni, Bærenicis, etc. Aussi plusieurs personnes ont-elles cru pouvoir trouver l'origine de la sonde du fontenier dans la verge ou baguette mystérieuse de Moïse, qui, suivant le cantique des enfans d'Israël, après leur sortie d'Égypte, leur donna de l'eau dans le désert en frappant la pierre d'Horeb, *qui convertit petram in stagna aquarum et rupem in fontes aquarum*, qui changea la pierre en des torrens d'eau et le rocher en d'abondantes fontaines.

Votre programme ayant fait connaître et apprécier les avantages que l'agriculture, les arts, l'industrie pouvaient obtenir de l'établissement des puits forés, les nations voisines se sont emparées de ce programme; elles l'ont traduit et répandu chez elles : l'Espagne, l'Italie, la Belgique, la Hollande et la Russie, l'Égypte, la Colombie, les Antilles, etc., etc., rivalisent aujourd'hui d'ardeur pour propager cette importante et utile application de la sonde du mineur à l'art du fontenier.

Le Roi, Messieurs, le Roi, que vous avez entendu plus d'une fois vous dire le puissant intérêt qu'il prenait à vos travaux, et son désir de vous en donner des témoignages; le Roi, après avoir vu les puits forés de Saint-Ouen, et en avoir reconnu les avantages pour l'industrie, les arts et l'agriculture, a récemment manifesté aux Membres de votre Bureau l'intention de faire établir un puits foré sur la pelouse du château de Compiègne.

A cet égard, nous devons vous rappeler, Messieurs, un fait trop peu connu, et qui mérite bien de trouver ici sa place.

Louis XVI, qui saisissait avec tant d'ardeur tout ce qui était bon, tout ce qui devait contribuer au bonheur de ses peuples; Louis XVI, dans les premières années de son règne, avait cherché à propager l'établissement des puits forés. Pour encourager leur percement, il en fit faire un sous ses yeux à Rambouillet en 1780 par des sondeurs artésiens, et souvent la Reine Marie-Antoinette venait par sa présence encourager leurs travaux, auxquels elle prenait le plus vif intérêt.

Il s'est formé, en France, de nombreuses associations pour l'acquisition de sondes artésiennes, et nous pourrions vous citer plus de vingt départemens qui font aujourd'hui à leurs frais des puits forés, dont plusieurs ont obtenu un plein succès; mais, à cet égard, et dans l'intérêt de tous comme dans l'intérêt de l'art, nous ne saurions trop répéter ce qui a déjà été dit dans les *Considérations géologiques et physiques sur le gisement des eaux souterraines:* 1°. qu'avant d'entreprendre un sondage il est nécessaire d'étudier avec le plus grand soin, et d'examiner avec le plus grand détail la nature ou la constitution physique du pays, afin de déterminer d'avance le degré de probabilité ou les chances du succès des puits projetés;

2°. Que, pour faire un puits foré, il ne suffit pas de posséder une sonde, mais que le succès dépend essentiellement du choix d'un sondeur intelligent et versé dans les arts mécaniques;

Et 3°. que l'art du fontenier-sondeur, qui ne

se borne pas à des procédés purement mécaniques, est l'application d'une science qui peut
seule apprendre aux sondeurs à vaincre les difficultés de toute espèce qu'ils doivent rencon-
trer dans leurs opérations.

C'est à ces causes que nous croyons devoir
rapporter le peu de succès de certains puits,
dont les uns n'auraient jamais été entrepris par
des sondeurs instruits et consciencieux, et dont
les autres auraient été certainement couronnés
d'un succès complet s'ils eussent été confiés à
d'habiles sondeurs.

Dans votre séance publique de l'année dernière, nous avions eu l'honneur de vous dire,
Messieurs, que d'après les nombreux niveaux
d'eau qui ont été reconnus dans les argiles irisées
inférieures à la grande masse de craie, d'après
l'abondance et surtout d'après l'impétuosité avec
laquelle elles surgissent pour reprendre le niveau des bassins ou des réservoirs dont elles
proviennent, on obtiendrait infailliblement des
eaux jaillissantes à la surface de la terre, dans
les départemens des anciennes provinces de
Champagne, de Normandie et de Picardie, où
l'épaisseur de la craie faisait désespérer d'en
obtenir, si, en s'armant de persévérance, on
perçait les terrains argileux inférieurs à la craie.

Cette assertion, fondée sur les nombreux

niveaux d'eau reconnus dans les différens puits percés jusqu'à plus de 1000 pieds de profondeur, à Saint-Nicolas-d'Aliermont près de Dieppe, pour la recherche d'une mine de houille, a déterminé plusieurs tentatives pour l'établissement de fontaines artificielles à Chartres, à Bracheux près de Beauvais, à Surenne près de Paris, à La Brosse près de Montereau, à Châlons, à Troyes, etc., etc.

L'entier percement de la masse de craie eût été d'une aussi haute importance pour la géologie que pour l'art de percer les puits artésiens. Il n'est point d'efforts, point de sacrifices que nos sondeurs n'aient faits à cet égard ; mais aucun d'eux n'est encore parvenu à la traverser entièrement dans les lieux que nous venons de désigner, et, malgré tout ce qu'ont pu faire MM. *Mulot, Flachat, Degouzé, Armaingault Plaisant, Benoît,* etc., aucun ne l'a encore percée, et dans quelques endroits, à Chartres, par exemple, elle a présenté des difficultés jusqu'à ce jour inconnues, et qu'il était impossible de présumer ; tandis qu'en d'autres lieux les propriétaires, fatigués par la monotonie des matières craïeuses rapportées par la sonde dans des percemens de plus de 100 mètres, ont manqué de cette persévérance sans laquelle l'art ne peut rien, et qui eût assuré le succès de puits forés, que les sondeurs, avec un désintéressement bien rare, offraient de continuer à leurs frais.

Au reste, si nos sondeurs n'ont pas encore réussi à établir des puits forés par le percement de la grande masse de craie, toujours est-il vrai que plusieurs ont obtenu des succès remarquables dans d'autres terrains , et c'est ce que nous allons avoir l'honneur de vous exposer, mais en regrettant de ne pas voir figurer dans le nombre des concurrens M. *Peligot*, ancien administrateur des Hospices de Paris, pour le puits foré à Enghien-les-Bains près Montmorency, le premier puits jaillissant percé avec succès dans les environs de Paris ; M. le comte *de Ballore*, qui a fait faire dans son domaine de La Cour, département de l'Allier, plusieurs puits forés , qui ont donné les résultats les plus satisfaisans ; M. *Félix de la Garde*, pour ses puits forés de Moustiers, département de Seine-et-Marne ; M. *Hallette*, célèbre mécanicien d'Arras, pour ceux de Roubaix, département du Nord; M. *Girard*, pour celui de S^te.-Croix près du Mans , département de la Sarthe ; M. *de Maupeou*, pour ceux de la papeterie d'Écharcon, département de Seine-et-Oise ; MM. *Samuel Joly*, M. *Dupuy*, M. *Philippe* de Saint-Quentin ; MM. *Beurier* père et fils , à Abbeville ; M. *Chartier*, fontenier-sondeur à Phalempin près de Lille ; M. *Chartier*, à Gondecourt près de Lille, département du Nord ; la ville de Marseille , celle de Saint-Quentin , etc. , etc. , etc. , etc.

Enfin, vous n'apprendrez pas sans intérêt, Messieurs, que S. A. R. Mademoiselle d'Orléans a fait entreprendre un puits foré dans son château de Randan, et que ce puits est présentement à près de 100 mètres de profondeur.

Avant de vous faire connaître les sondeurs qui se sont présentés au concours, nous croyons encore devoir faire ici mention de ceux qui auraient également pu être distingués, s'ils s'étaient présentés en temps utile au secrétariat de la Société, pour y déposer les procès-verbaux et les certificats constatant leurs opérations.

1°. M. *Degouzé*, ingénieur-sondeur, rue de Chabrol, n°. 13, à Paris.

M. *Degouzé* a entrepris un grand nombre de puits forés dans les environs de Paris et dans les départemens ; il est peut-être celui qui a fait les sondages les plus difficiles : il compte en ce moment plus de douze puits en percement. Nous lui devons des renseignemens d'un grand intérêt sous le rapport de la géologie des pays dans lesquels il a fait des sondages.

Dans le nombre des puits forés qu'il a établis, nous citerons particulièrement 1°. celui qu'il a fait chez M. *Cuvillier*, à Fontès, canton de Lillers, département du Pas-de-Calais. Commencé à six

heures du matin, ce puits fut terminé le même
jour à trois heures de l'après-midi, donnant, de
20 mètres de profondeur, un jet d'eau de 2 mètres de hauteur au dessus du sol, et produisant
plus de 400 litres d'eau par minute, sans interruption; et 2°. celui qu'il vient de terminer à
St.-Gratien, dans la propriété de M. *Peligot.*

Après avoir pris connaissance des terrains
traversés dans le sondage éxécuté à Enghien en
1822, M. *Degouzé,* ayant reconnu que les eaux
avaient jailli des marnes, offrit à M. *Peligot*
d'en entreprendre un à St.-Gratien, dans un
pré situé entre le grand étang d'Enghien et le
bois Jacques, dépendant de Soisy.

Ce sondage a été exécuté en six jours et demi.
Parvenu à 13ᵐ 60 de profondeur, dans des terrains semblables à ceux qui avaient été traversés
lors du percement du puits d'Enghien, l'eau est
remontée et s'est maintenue chargée de sable
et de marne à 0ᵐ 27 en contrebas; mais les
travaux ayant été continués jusqu'à 15ᵐ 60 de
profondeur, ils ont été arrêtés sur une forte
couche de calcaire dur ou plaquette. Alors l'eau
est devenue plus abondante, elle s'est clarifiée,
et a coulé dans le pré à 0ᵐ 18 au dessus du sol.
Des tubes ont été enfoncés dans le puits qui
donne aujourd'hui 120 litres d'eau à la minute,
à 0ᵐ 92 au dessus du sol.

Ce sondage n'a coûté que 220 fr. y compris
10 mètres de tuyaux de tôle brasés, à raison de
10 fr. le mètre.

2°. M. *Lelièvre*, à Honfleur, département de
la Seine-Inférieure.

Sans avoir jamais vu ni sonde ni puits foré,
M. *Lelièvre*, sur la simple lecture des Notices
imprimées par ordre de la Société royale et centrale d'agriculture, a imaginé un appareil, qu'il a
essayé chez lui à Honfleur, et à l'aide duquel il a
obtenu des eaux ascendantes, de bonne qualité,
qui se sont constamment maintenues dans le tube
à quelques décimètres au dessous de la surface.

Plusieurs habitans de Honfleur, d'après ce succès, ont prié M. *Lelièvre* de faire, dans leurs
propriétés, des essais de sa sonde. Ce ne fut pas
sans de vives inquiétudes qu'il s'y détermina,
craignant de compromettre les intérêts de ses
concitoyens ; mais le succès a outrepassé ses es -
pérances, et il a successivement établi plusieurs
puits forés qui, s'ils ne donnent pas des eaux jaillissantes au dessus de la surface du sol, donnent
au moins, dans les puits de cette ville, des eaux
ascendantes, abondantes et d'excellente qualité.

3°. MM. *Armaingault Plaisant* et Compagnie.

Ces ingénieurs, qui ont obtenu du Ministre
de la marine l'entreprise des puits artésiens dans
les colonies, où ils ne peuvent manquer d'avoir

de brillans succès, ont en ce moment un grand nombre de puits forés en percement.

4°. M. *Fortbras*, fontenier-sondeur à Amiens.

Cet habile sondeur a fait un grand nombre de puits forés, dont plusieurs ont produit des eaux jaillissantes au dessus de la surface du sol. Il est un de ceux qui connaissent le mieux l'art du fontenier-sondeur.

5°. M. *Alexandre Malteau*, sondeur à Rouen.

M. *Malteau* a entrepris, dans les départemens de l'Eure et de la Seine-Inférieure, plusieurs puits forés, dont quelques uns sont terminés, et d'autres se continuent avec espoir de succès.

Nous regrettons de n'avoir pu nommer ici plusieurs autres sondeurs qui nous ont été désignés, mais sans indication exacte de leurs travaux.

Cinq candidats se sont présentés à votre concours ; savoir : 1°. MM. *Flachat* frères de Paris; 2°. M. *Mulot* d'Épinay près Saint-Denis ; 3°. M. *Fraisse* de Perpignan ; 4°. M. *Poittevin* de Tracy-le-Mont, département de l'Oise; et 5°. M. *Farel* de Montpellier.

I. MM. FLACHAT, *entrepreneurs de sondages,*
rue d'Artois, n°. 38, *à Paris.*

Déjà nous vous avons fait connaître une partie
des travaux de ces habiles sondeurs, par diverses notices dont vous avez ordonné l'impression.

Les titres que présentent MM. *Flachat* sont:
1°. une fontaine jaillissante à double nappe,
établie au port Saint-Ouen, par deux colonnes
d'eau isolées, fournissant l'une 120,000 litres,
l'autre 140,000 litres, à 7 mètres au dessus du sol.

2°. Une fontaine semblable, également établie
en tête du port Saint-Ouen, à double nappe et à
deux colonnes isolées, fournissant l'une 150,000
litres et l'autre 300,000 litres, à 7 mètres au
dessus du sol.

Ces deux belles fontaines donnent ensemble
plus de 700,000 litres d'eau par vingt-quatre
heures dans le bassin de la gare de Saint-Ouen.

3°. La fontaine jaillissante à double nappe,
établie à leurs frais sur la place de la poste aux
chevaux de Saint-Denis, s'élevant d'une profondeur de 62^m,50, à 11^m,50 au dessus du sol, et
débitant en vingt-quatre heures plus de 270,000
litres. Quatre nappes d'eau bien distinctes ont
été reconnues dans ce sondage. MM. *Flachat* ont

fait imprimer un prospectus de leurs conditions pour l'établissement de fontaines artésiennes dans la ville de Saint-Denis, et dans lequel ils ont prouvé qu'un manufacturier établi sur le bord de l'une de ses rivières, c'est à dire sur un terrain inférieur de 3 mètres environ au pavé de la ville, peut atteindre, au moyen d'un puits foré, deux nappes isolées, dont la première, semblable à celle qui alimente la fontaine de la Poste aux chevaux, en face de la promenade publique, déversera, de 15 mètres de hauteur, 195,000 litres d'eau en vingt-quatre heures, et dont la seconde, qui est stationnaire dans le puits à 2 mètres au dessous du sol, pourrait donner, à 1 mètre de hauteur, 160,000 litres par vingt-quatre heures. Ainsi l'effet utile de ces deux chutes est d'environ 1,000 mètres cubes d'eau élevée à 1 mètre, c'est à dire égal au travail de huit hommes appliqués à la manivelle pendant une journée entière.

Par suite de leur opération et de la reconnaissance des nappes d'eau existantes sous la ville de Saint-Denis, MM. *Flachat* ont proposé d'y établir des fontaines jaillissantes, en proportionnant la dépense à la quantité d'eau qu'elles débiteraient, et s'engageant à prendre à leur compte tous les frais de sondage, s'ils ne réussissaient pas à faire surgir dans les localités désignées une quantité d'eau supérieure à 1,000 litres débités en vingt-quatre heures, et demandant, en cas de succès, qu'il leur fût payé 5o fr. par mètre cube d'eau (1,ooo litres) débité en vingt-quatre heures, la quantité d'eau devant être jaugée sur la fontaine ouverte à o^{m},33 (1 pied) au dessus de la superficie.

4°. La fontaine jaillissante établie à Choisy-le-Roi, déversant 1oo,ooo litres en vingt-quatre heures, d'une profondeur de 1oo mètres, sur le point culminant de la cristallerie. Ce sondage est, sous le rapport de la géologie des environs de Paris, un des plus intéressans qui aient encore été faits. Il a présenté, dans son percement, de très grandes difficultés et plusieurs accidens, que MM. *Flachat* ont surmontés avec une habileté qui ne peut laisser aucun doute sur le forage des puits qu'ils pourront désormais entreprendre. Ce puits foré va alimenter une fontaine jaillissante, dans la cour de la cristallerie, qui est plus basse de 2 mètres. Déversées ensuite dans un bassin, les eaux du trop-plein sont conduites, au moyen de deux rigoles, dans deux usines voisines, une raffinerie et un établissement de carbonisation, situés sur un terrain inférieur. Ainsi la fontaine de Choisy-le-Roi alimente trois éta-

blissemens, qui étaient obligés d'employer chacun un homme, un cheval et un tonneau pour
se procurer la quantité d'eau qui leur était nécessaire. La journée des hommes calculée à 2 fr.,
celle du cheval à 3 francs, le puits foré aura
produit une économie de 15 francs par jour, ou
de 5,475 francs par an, et son établissement
n'aura coûté que 9,000 francs de dépense une
fois faite. Enfin, un petit bélier hydraulique
sera établi pour la distribution des eaux aux divers étages des maisons voisines.

La nature des terrains traversés à Choisy
ayant donné lieu de penser qu'il devait exister
d'autres nappes d'eau inférieures, MM. *Flachat*
ont continué leur sondage ; mais l'épaisseur des
sables dans lesquels ils sont parvenus leur a
fait suspendre provisoirement les opérations,
qu'ils comptent reprendre incessamment, assu-
rés qu'ils sont que leurs efforts seront couronnés
d'un heureux succès.

C'est dans ce puits foré que MM. *Flachat* ont
fait les premiers essais des tubes de zinc, con-
fectionnés avec des feuilles de $0^m,007$ (3 lignes)
d'épaisseur, et soudés par bouts d'un mètre de
longueur. Ces tubes sont remarquables par leur
force et par leur entière imperméabilité.

Enfin, entrepris à un diamètre de $0^m,24$ (9 pouces), ce puits a été ensuite continué dans des tubes de 0^m,19 (7 pouces), et c'est dans ceux-ci qu'ont été descendus les tubes de zinc jusqu'à la profondeur de 96^m. (296 pieds).

Indépendamment des quatre fontaines jaillissantes dont nous venons de parler, et sur lesquelles ils ont fourni des descriptions détaillées, MM. *Flachat* présentent encore à votre examen: 1°. la reprise du puits foré par M. *Mulot*, d'Epinay, à Surenne, chez M. le baron *de Rotschild*, que ce mécanicien avait percé jusqu'à 167 mètres (514 pieds), et que MM. *Flachat* ont poursuivi jusqu'à 215 mètres (663 pieds), profondeur à laquelle on a suspendu ce sondage alors qu'il ne restait peut-être pas 20 ou 25 mètres de craie à percer.

2°. Un sondage en activité à Vitry-le-Français, dans la formation jurassique, présentement à 133 mètres (410 pieds).

3°. Un sondage à Agen, qui est présentement à 130 mètres (400 pieds) de profondeur.

4°. Un sondage au Pudjar, près de Bordeaux, arrivé à 140 mètres (430 pieds), et que l'on poursuit.

5°. Un puits foré en activité à Bourges, dans le calcaire jurassique, présentement à 100 mètres (environ 300 pieds).

6°. L'étude du canal maritime de Paris à Rouen, par 180 sondages, représentant plus de 2,600 mètres (8,000 pieds). Cet immense travail donne la coupe géologique de toute la vallée de la Seine, depuis Paris jusqu'à Rouen.

7°. L'étude complète des terrains que doit traverser le canal de l'Essone.

8°. Divers sondages entrepris à Montrouge, Villemonble, Thieux, Dôle, Toulouse, les Champs-Elysées à Paris, l'Arc-de-l'Etoile, le Jardin du Roi, etc., etc.

9°. Divers établissemens succursaux de leur entreprise, dans le midi de la France.

10°. Des conventions faites pour des sondages dans le duché de Toscane, en Pologne, en Belgique, en Espagne, dans l'île de Cuba, etc.

11°. Enfin le rapport fait à la Société d'Encouragement, sur leurs grands ateliers de fabrication de sondes artésiennes.

II. M. MULOT, *serrurier-mécanicien à Epinay près Saint-Denis.*

1°. Nous avons fait connaître, dans le temps, la belle fontaine jaillissante établie par M. *Mulot,* à Epinay, dans le parc de madame la marquise *de Grolliers ,* et vous lui avez décerné votre grande médaille d'or, dans votre séance publique du 15 avril 1828. Nous nous bornerons donc à rappeler que cette fontaine à deux colonnes iso·lées fournit, par l'une, 36,000 litres d'eau par vingt-quatre heures, à 1 mètre au dessus du sol et à $17^m,50$ au dessus des eaux moyennes de la Seine, et par l'autre 40,000 litres, et ainsi les deux ensemble 76,000 litres en vingt-quatre heures.

Outre cette fontaine jaillissante, la première percée dans les environs de Paris sans le re-cours aux sondeurs artésiens, qui semblaient posséder le privilége exclusif de savoir établir les puits forés, M. *Mulot* produit la description, les coupes et profils métriques de deux autres puits forés qu'il a établis, savoir :

2°. La fontaine jaillissante à double nappe, de la place aux Gueldres de Saint-Denis, qu'il a entre-prise le 26 août dernier, en suite d'un traité fait avec le Conseil municipal, et qui a été terminée le 16 octobre suivant, de $65^m,67$ de profondeur totale. Ce puits foré a traversé quatre nappes d'eau bien distinctes, dont trois sont ascendan·tes, l'une à $0^m,32$ au dessous du sol, et les deux autres à 1 et 2 mètres au dessus.

M. le comte *Chabrol de Volvic*, préfet du département de la Seine, a fait constater par M. le chevalier *Coïc*, ingénieur en chef des ponts

et chaussées, directeur du service central d'as-
sainissement, les résultats obtenus par M. *Mulot*
dans sa fontaine artificielle de la place aux Gueldres. Les deux nappes d'eau jaillissantes, dit cet
ingénieur, sont séparées et isolées, au moyen de
deux tubes placés l'un dans l'autre. Un troisième
tube d'un plus grand diamètre descendu à $32^m,26$
et, contenant les deux premiers, sert à perdre à
volonté, à cette profondeur, par leur infiltration dans un terrain perméable, les eaux des
deux nappes jaillissantes, lorsqu'on ne veut pas
les laisser couler à la surface de la terre. Le jet
d'eau obtenu de la nappe trouvée dans le calcaire à $52^m,90$, ou 163 pieds, est de très bonne
qualité, ne contient aucun gaz ni aucun sel;
elle dissout très bien le savon et cuit parfaitement les légumes. A la hauteur d'un mètre au
dessus du sol, elle donne 50 mètres cubes d'eau
par vingt-quatre heures, c'est à dire en termes
de fontenier, 2 pouces et demi. L'autre jet
d'eau, celui de la nappe inférieure, a été trouvé
à $65^m,67$ de profondeur dans les sables verts.
L'eau de cette nappe diffère de la première en
ce qu'elle dégage une légère odeur de gaz hy-
drogène sulfuré. Elle a deux mètres de hauteur
au dessus du sol et donne également 50 mètres
cubes; mais si on n'élevait l'eau qu'à 1 mètre,

comme celle du calcaire, le jet fournirait 100 mètres cubes ou 5 pouces d'eau : ainsi, l'écoulement simultané des deux jets à 1 mètre au dessus du sol donnerait 7 pouces et demi de fontenier ou 150 mètres cubes d'eau par vingt-quatre heures. Enfin, maintenues dans un tube, ces eaux s'élèvent jusqu'à 6^m,17 (19 pieds) au dessus du sol, et restent stationnaires à cette hauteur, qui se rapporte à 16^m,24 (50 pieds) au dessus du niveau de l'étiage de la Seine.

Nous sommes entrés dans quelques détails sur l'isolement des nappes d'eau au moyen de tubes concentriques placés l'un dans l'autre, parce que c'est à M. *Mulot* que l'on doit cette invention, qui présente l'avantage de ramener par un même puits foré à la surface de la terre des nappes d'eau jaillissantes, qu'il importe de séparer lorsqu'elles diffèrent entre elles de qualité, que des gaz ou des sels ne permettent pas de les laisser se mélanger, et que celles qui sont impures doivent cependant être ramenées à la surface avec avantage dans l'intérêt de l'industrie et de l'agriculture. Pour nous, nous pensons qu'il serait préférable d'avoir pour chaque nappe d'eau une conduite particulière qui serait susceptible d'être réparée sans aucune difficulté, dans le cas où des sables ou d'autres matières obstrueraient le passage de l'eau, au point d'en arrêter l'ascension.

Une belle fontaine monumentale, par suite d'une délibération du conseil municipal de la ville de Saint-Denis, va être construite sur le puits foré de la place aux Gueldres, et au moyen de l'isolement des deux nappes d'eau par les tubes concentriques, l'une, en s'élevant au sommet du monument, sera employée pour sa décoration par l'effet des chutes d'eau, tandis que l'autre sera réservée pour les usages et les besoins des habitans.

3°. Une fontaine jaillissante, faite en cinquante jours chez M. *Benoît,* à Saint-Denis, donnant, de la profondeur de $37^m,60$ ou 115 pieds, $300,000$ litres d'eau en vingt-quatre heures à $0^m,33$ (1 pied) au dessus du sol. Ce propriétaire, placé plus bas de $0^m,35$ que la place aux Gueldres, s'il avait foré à la même profondeur qu'on a percé sur cette place, aurait donc pu obtenir chez lui trois nappes d'eau jaillissantes, soit qu'il les eût fait séparer par des tubes isolés et concentriques, suivant le procédé de M. *Mulot,* soit qu'on eût fait un puits foré pour chaque nappe.

4°. Une fontaine jaillissante chez madame *Descoins,* dans la ville de Saint - Denis , donnant les mêmes produits que la précédente.

Après avoir fait connaître les puits forés dans lesquels il a obtenu un succès complet, M. *Mulot* décrit ceux dont les eaux ascendantes sont restées au dessous de la surface du sol, mais qui peuvent cependant encore produire des résultats avantageux pour l'industrie et l'agriculture dans un grand nombre de localités, suivant la manière d'être de la surface du sol. En effet, les puits ordinaires, qui ne reçoivent l'eau que par infiltration, n'en contiennent qu'une certaine quantité, qui varie suivant les saisons. En élevant l'eau de ces puits, soit avec des seaux, soit avec une pompe, soit avec toute autre machine, il est rare que le niveau ne s'abaisse pas sensiblement et même quelquefois au point de mettre le puits entièrement à sec. Il n'en est pas ainsi des puits forés dont il est question et qui communiquent directement avec des réservoirs d'eau inépuisables ; car si l'on imagine un tuyau qui s'embranche sur un puits foré à l'endroit où le niveau est stationnaire, et qui se prolonge en s'inclinant vers un terrain dont le sol est plus bas que le niveau de l'eau dans le puits, l'eau coulera continuellement dans ce tuyau d'embranchement avec une vi-

(45)

tesse qui dépendra de la longueur et de la pente
du tuyau ou du canal d'écoulement. Ainsi,
en 1822, M. *Peligot*, l'un des administrateurs
des hospices de la ville de Paris, fit faire un puits
foré dans son bel établissement des eaux miné-
rales d'Enghien-les-Bains près Montmorency. A
16 mètres, la sonde frappa un niveau d'eau de
bonne qualité, qui monta à 4 mètres au dessous
du sol. Comme ce niveau était supérieur à la
surface d'une partie du jardin de l'établissement,
il fut très facile de conduire les eaux du niveau
stationnaire au niveau inférieur et d'obtenir
ainsi une fontaine jaillissante (1).

A Villiers-la-Garenne, près de Paris, chez M. le
maréchal *Gouvion de Saint-Cyr*, M. *Mulot*, après
avoir traversé à 33 mètres une masse de sable
argileux et ligniteux de plus de 30 mètres d'é-
paisseur, est entré dans la grande masse de craie
à 79 mètres (244 pieds), et il y a sondé jusqu'à
92 mètres (284 pieds). Les eaux des sables se sont
élevées à 2^m,60 (8 pieds) au dessous de la surface
du sol. D'après leur abondance et la facilité de
les perdre à 7 ou 8 mètres de profondeur dans
les terrains sableux et perméables, M. le maréchal *Gouvion de Saint-Cyr* s'était décidé à éta-

____

(1) Voyez les *Considérations géologiques et physiques
sur la théorie des puits forés,* page 196 (1829).

blir une chute d'eau dans un puits ou puisard voisin, pour placer sur cette chute un bélier hydraulique, ou une petite roue tournante qui aurait élevé une partie des eaux de ce puits foré dans un bassin au dessus de son habitation.

M. *Mulot* a fait plusieurs percemens à Gisors, chez MM. *Davilliers-Lombard*, dans la craie, et donnant tous de l'eau ascendante à 2 mètres au dessous du sol, au niveau des eaux du grand bassin de leur usine. Un de ces puits a été percé jusqu'à la profondeur de $91^m,60$ (282 pieds) dans la craie, sans avoir donné plus d'eau que les autres.

Enfin, ce mécanicien a fait des travaux importans que nous ne pouvons passer sous silence, tels que : 1°. le percement entrepris à Surenne, chez M. le baron *de Rotschild*, jusqu'à la profondeur de $168^m,90$ ou 520 pieds, dont 400 pieds aux frais de M. *de Rotschild*, et 120 pieds à ses frais. C'est le même sondage qui, depuis, a été repris par MM. *Flachat*, et qu'ils ont suivi jusqu'à 215 mètres, profondeur à laquelle nous avons dit qu'il a été abandonné.

2°. Le percement en activité sur la place Saint-Michel à Dijon, conduit en trois mois à la profondeur de $99^m,73$ (307 pieds).

3°. Le percement fait à Noisy près de Versailles chez M. *Louvet* et poussé jusqu'à 60 mètres (183 pieds) de profondeur, mais qu'une

masse de sable coulant (de 3o^m,9o d'épaisseur)
a fait abandonner.

4°. La continuation d'un sondage commencé
et abandonné par des sondeurs de l'Artois chez
M. *Audenet*, membre du conseil général du département de la Seine, à Pierre-Fite, près de
Saint-Denis. M. *Mulot* a suivi ce sondage jusqu'à
1o5^m,5o ou 5a6 pieds de profondeur. Il a présenté les plus grandes difficultés par l'alternative
des sables, des grès et des argiles. Les eaux ne
s'élèvent encore qu'à 8^m,45 (a6 pieds) au dessous
du sol 4^m,5o (14 pieds) au dessus des eaux
des puits voisins ; mais M. *Mulot* ne désespère
pas d'en obtenir de jaillissantes.

5°. Un percement fait à Bracheux-Marisel,
près de Beauvais, chez madame la comtesse *de
Castéja*, poursuivi dans la craie jusqu'à la profondeur de 13a^m,ao ou 4o7 pieds, dont 5oo aux
frais de madame *de Castéja*, et 107 pieds aux
frais de M. *Mulot*.

6°. Un percement présentement en activité à
Stains, près de Saint-Denis, à raison de 5o fr.
par jour, non compris le prix des tubes (1).

---

(1) Ce sondage a été terminé depuis le rapport fait à la
séance publique.

Après avoir traversé les marnes, les sables et les grès,

7°. Un sondage au bas de Charonne, près Paris, aux mêmes prix et conditions.

8°. Un traité passé avec M. le préfet du département de l'Aisne, pour faire un puits foré au dépôt de mendicité de Montreuil, au bas de la montagne de Laon. Ce sondage est présentement

---

on a rencontré les calcaires siliceux et ensuite les grès siliceux. A 51^m, dans les calcaires, on a trouvé une couche d'eau de très bonne qualité, fournissant environ 3 pouces de fontenier à $0^m,65$ au dessus du sol. Ces eaux se sont élevées jusqu'à $5^m,20$ dans les tubes, et sont restées stationnaires à cette hauteur. Ce percement a été continué jusqu'à $64^m,65$, et l'on a trouvé, à cette profondeur, un cours d'eau dans lequel la sonde s'est abaissée tout d'un coup d'un mètre. Cette eau surgit des sables verts qui recouvrent l'argile plastique ; elle est, comme celle de Saint-Denis, un peu sulfureuse, et le puits fournit 283,000 litres en 24 heures à un mètre au dessus du sol ; le tuyau a été prolongé jusqu'à $2^m,30$, et fournit encore 250,000 litres. C'est de cette hauteur que l'eau coule présentement, et qu'elle est conduite dans l'étang du parc. Enfin les eaux s'élèvent et restent stationnaires dans les tubes à 8 mètres au dessus du sol.

Les eaux provenant des sables verts ont $13°\frac{4}{10}$ centigrades, la température atmosphérique a $12°$. L'eau des calcaires avait $13°$, ce qui établit entre les deux nappes d'eau une différence de température de $0°,\frac{4}{10}$.

à plus de 60 mètres de profondeur dans la craie, que M. *Mulot* est décidé à percer entièrement.

9°. Un traité semblable avec la ville de Bourg, département de l'Ain.

10°. Un percement de puits foré dans la vallée du Rhin près de Cologne, dans le beau domaine de S. E. M. le maréchal *Maison*, où les argiles plastiques et les lignites semblent garantir un plein succès.

M. *Mulot* a joint à ses notices des coupes géologiques très détaillées de chacun de ses puits forés. Ses descriptions sont exactes, et les terrains parfaitement dénommés et caractérisés.

Nous ne pouvons passer sous silence un moyen fort ingénieux proposé par M. *Mulot* pour l'assemblage des tuyaux en fonte. Ce moyen consiste à unir deux tuyaux consécutifs par un manchon en fer forgé, dont la malléabilité corrige la rigidité de la fonte. Deux écrous qui terminent ce manchon se vissent sur les bouts de tuyaux taillés en filets saillans. Ce procédé présente plusieurs avantages qui facilitent la construction des colonnes tubées, par lesquelles on amène à la surface du sol les eaux souterraines jaillissantes. D'après le conseil de notre confrère M. *Molard*, M. *Mulot* a pris un brevet de perfectionnement pour cette nouvelle application de la vis à l'art de forer les puits artésiens.

III. M. FRAISSE *aîné, de Perpignan.*

La Société d'Agriculture du département des Pyrénées-Orientales est une de celles qui ont le plus promptement apprécié les avantages que présentent les puits forés dans un pays où les sécheresses annuelles font sentir l'insuffisance des canaux d'irrigation et la nécessité de chercher les moyens d'y suppléer. Après avoir fait faire à Paris, d'après les conseils et par les soins de l'un de vos plus zélés correspondans, M. *Jaubert de Passa,* l'acquisition d'une sonde artésienne, cette Société a mis cet instrument à la disposition de tous les propriétaires et cultivateurs du département qui déclareraient vouloir établir chez eux des puits forés, en promettant une prime d'encouragement à celui qui, avant le 1er. avril 1829, aurait commencé un sondage et l'aurait continué sans interruption jusqu'à une profondeur de 40 mètres, s'engageant à augmenter la prime de 300 fr. si le sondage, parvenu sans résultat à 40 mètres, était poussé à plus de 60.

M. *Fraisse* aîné, de Perpignan, ancien élève du Conservatoire des arts et métiers, s'est empressé de demander la sonde de la Société pour faire, dans son domaine de Puyseg, canton de Toulonges, le premier essai des puits forés. Le succès de cette opération devant décider du sort des puits artésiens dans le département des Pyrénées-Orientales, il est facile de juger du degré d'intérêt qui était porté généralement à cet essai.

Après avoir fait toutes les dispositions préparatoires, et simplifié les appareils pour les rendre plus commodes et plus faciles à transporter dans les montagnes, M. *Fraisse* a commencé son forage le 27 mars 1829; il l'a poursuivi avec une telle activité, que le 15 juin il est parvenu à 41 mètres de profondeur, où la sonde a frappé sur une nappe d'eau, qui a fourni une source jaillissante, donnant, à un mètre au dessus du sol, 14,400 litres, et au niveau du terrain 33,600 litres en vingt-quatre heures, d'une eau excellente, très limpide, dissolvant bien le savon, cuisant les légumes, dont la température est de 17° centigrades; enfin la dépense totale ne s'est élevée qu'à 309 fr. 75 c.

Les travaux ont été suivis par M. le chevalier *Basterot*, architecte du département, qui a fait un rapport détaillé à la Société royale d'agriculture de Perpignan, le 7 juillet dernier. « Le dé-
» partement des Pyrénées-Orientales vous doit
» l'importante introduction des puits forés, dit

4.

(52)

» M. *Basterot;* les propriétaires pourront donner
» une nouvelle fécondité aux terres qui n'étaient
» point encore arrosées; les communes qui,
» chaque année, sont accablées par des fièvres
» périodiques, causées par le manque d'eau po-
» table, verront désormais disparaître ce fléau
» destructeur, en creusant des fontaines jaillis-
» santes. La noble émulation, que la Société
» d'agriculture cherche à inspirer pour tout ce
» qui est utile, aura multiplié ces grands bien-
» faits, et les habitans de ce département s'en
» souviendront toujours avec reconnaissance. »

L'ingénieur des mines du département, M. *Vène,* a certifié les résultats obtenus par M. *Fraisse,* ainsi que le maire de la commune de Toulonges.

Enfin aux échantillons des différens terrains rapportés par la sonde M. *Fraisse* a joint, 1°. une notice détaillée et descriptive, faite par M. *Marcel de Serres,* conseiller à la cour royale de Montpellier ; 2°. un extrait du procès-verbal de la séance générale de la Société royale d'agriculture de Perpignan du 27 août 1829.

IV. M. Poittevin (de Tracy-le-Mont), *près de Compiègne.*

M. *Poittevin,* propriétaire de l'usine du Tordoir à Tracy, a fait constater, par certificats de l'adjoint au maire de cette commune et par l'ingénieur de l'arrondissement, qu'il a fait percer quatre puits artésiens, dans l'intention d'augmenter le volume du cours d'eau qui fait mouvoir son tordoir et qui était insuffisant.

Tracy est situé dans une vallée entourée de montagnes de calcaire marin à cérites. Les puits ont été percés dans les sables calcaires et dans les argiles plastiques, au dessous desquelles on a reconnu un grand banc de sable, d'où les eaux s'élèvent à la surface.

Le premier puits a été percé en trente-neuf jours, à trente-sept mètres de profondeur ; il donne 33,120 litres par vingt-quatre heures ; il a coûté, tous frais compris, 2,583 fr. 4 cent.

Le second puits, de $23^m,33$ c. de profondeur, percé en quatorze jours, donne 19,440 litres par vingt-quatre heures ; il a coûté, tous frais compris, 1,576 fr. 20 c.

Le troisième puits, de vingt et un mètres de profondeur, percé en dix jours, donne 119,232 litres par vingt-quatre heures ; il a coûté, 2,53o fr. 18 c.

Enfin le quatrième puits, destiné à aller chercher une nappe d'eau inférieure, a été suspendu à 45 mètres de profondeur, après quarante-quatre jours de percement dans des sables coulans, que M. *Poittevin* n'a pu traverser ; il a coûté 2,635 fr. 10 c.

Les trois puits, 1, 2 et 3, percés à peu de distance les uns des autres, paraissent tous aboutir au même réservoir souterrain, puisque le premier puits, placé à 93 mètres de distance du troisième, présente un affaiblissement rapide dans son jaillissement, et qu'il cesse même entièrement de jaillir lorsqu'on baisse de 0^m,85 ou 30 pouces la buse qui est au dessus du tube de ce dernier, dont le jet augmente aussitôt de la perte des autres.

La description des terrains traversés par chacun de ces puits donne, à de légères différences près, dans les épaisseurs des couches, les divers bancs des sables verts du calcaire et ceux des sables gris, des glaises, graviers et lignites de la formation des argiles plastiques.

M. *de Marcilly*, ingénieur des ponts et chaussées de l'arrondissement de Compiègne, a reconnu les puits forés de M. *Poittevin*, et constaté que la hauteur du jet est de 0^m,72 ou 26 pouces $\frac{1}{2}$ au dessus du chapeau foré de la buse.

Le succès obtenu par M. *Poittevin* a déterminé plusieurs propriétaires des arrondissemens de Compiègne et de Soissons à entreprendre chez eux des puits artésiens; mais il est essentiel de les mettre en garde contre les difficultés qu'ils éprouveront à traverser la grande masse de sable coulant qui est au dessous des argiles, et qui n'a que trop souvent fait abandonner les sondages.

V. M. Paulin Farel, *à Montpellier*.

Un extrait du journal de neuf sondages de puits artésiens exécutés dans le département de l'Hérault en 1829, par M. *Farel*, de Montpellier, a été adressé à la Société royale et centrale d'agriculture. Si les opérations de M. *Farel* n'ont pas été couronnées d'un plein succès ; s'il n'a pas encore obtenu de fontaines jaillissantes au dessus de la surface du sol, ainsi que l'exigeait votre programme, plusieurs de ces puits forés ont cependant produit des résultats trop avantageux pour que nous ne vous les fassions pas connaître : nous vous ferons même observer que les détails que renferment ses notices sont d'un intérêt majeur pour la connaissance des terrains qu'auront à l'avenir à traverser ceux qui voudront percer des puits artésiens dans les mêmes localités, et que ces notices seront pour les géologues d'un intérêt plus puissant encore, par les soins que M. *Marcel de Serres* a particulièrement apportés dans l'étude et la reconnaissance de tous les échantillons de ces terrains qui lui ont été soumis.

Dans son premier sondage, poussé jusqu'à 39^m,55 de profondeur, dans son jardin à Montpellier, au faubourg Boutannet, si connu par les nombreux fossiles qu'on y a découverts, M. *Farel* a traversé un système de couches de sables et de marnes argilo-sableuses plus ou moins dures, grises, jaunes et vertes.

A cette profondeur de 39^m,55, on a trouvé une nappe d'eau qui est remontée à 4^m,60 au dessous de la surface : une pompe, manœuvrée par trois hommes, n'a pu en faire baisser le niveau.

Le thermomètre, descendu au fond du sondage, a marqué 15 degrés centigrades.

Ce sondage, fait en vingt jours et tubé en tuyaux de bois, a coûté 336 francs, les outils non compris.

Un second sondage a été fait chez M. *Deshours*, à Montpellier, sur la route de Castelnau, dans des terrains analogues. A 10^m,66 de profondeur, on a traversé une nappe d'eau stationnaire, et l'on est descendu jusqu'à 67 mètres sans en trouver d'autres. Ce sondage a présenté de très grandes difficultés. La dépense a été de 800 francs environ.

Un troisième sondage a été fait à Celleneuve, près de Montpellier, dans un terrain qui appartient au diluvium ou alluvium du terrain marin supérieur. A 8 mètres 16 centimètres, il a indiqué une nappe d'eau, sur laquelle on est resté.

Un quatrième sondage a été exécuté dans la fabrique de produits chimiques de MM. *Berard*, dans une formation de marnes marines, alternant avec des sables plus ou moins argileux et des marnes argilo-calcaires fluviatiles.

Quoique ce percement ait été suspendu à la profondeur de 96^m,46 sans avoir obtenu d'eaux jaillissantes, MM. *Berard* n'ont cependant pas perdu l'espoir d'en avoir.

Un cinquième sondage a été fait à Gigean, chez M. *Mestre*, chargé des relais des diligences et menacé de perdre cette entreprise par suite du manque d'eau dans son établissement. A 37 mètres de profondeur, l'eau a jailli avec impétuosité, jusqu'à 1 mètre au dessous du sol. Ce puits n'a pas été tubé, et il y a lieu de penser que les eaux auraient jailli au dessus de la surface, si M. *Farel* avait pu le garnir de tubes.

Un sixième sondage a été fait au même lieu chez M. *Poujols*, dans un ancien puits à sec. Après avoir percé 14 mètres de marnes, les eaux ont remonté dans le puits, et le sondage a été suspendu.

Un septième sondage, exécuté en trente jours, à Sommières, département du Gard, chez M. *Griolet*, dans des marnes argilo-sableuses, a été poussé jusqu'à $66^m,55$ de profondeur sans résultat avantageux, après avoir traversé, à 12 mètres, la nappe d'eau qui alimente les puits de Sommières. Les frais se sont élevés à 900 francs environ, en y comprenant le louage et la réparation des instrumens.

8º. M. *Farel*, pour exercer ses sondeurs dans d'autres terrains, leur a fait commencer un puits artésien dans la vallée de Montferrier, de formation secondaire, sur un point où il n'existe, sous le diluvium, que des lambeaux de terrain tertiaire à $11^m,33$, sous un poudingue calcaire : l'eau a jailli à $1^m,95$ au dessous de la surface du terrain. Le sondage était à $21^m,20$, au moment de l'envoi des journaux de M. *Farel*.

9º. La dernière tentative, exécutée aux environs de Montpellier, est celle du château de Pignan de M. le comte *de Turenne*, à 1 myriamètre de cette ville, dans une plaine entourée de toutes párts de collines secondaires qui garantissent le succès de l'opération. Ce sondage a fait reconnaître les marnes argilo-calcaires et sableuses déjà traversées dans les autres puits forés. Une nappe d'eau a été trouvée à 23^m de profondeur, elle s'est élevée à 4 mètres au dessous de la surface, niveau supérieur au sol des prairies environnantes, qu'elle pourra arroser. M. le comte *de Turenne* fait continuer ce sondage, pour découvrir quelque nappe d'eau inférieure.

Enfin M. *Farel* ajoute à l'extrait de ses journaux de sondage, 1°. une coupe géologique du puits artésien percé chez lui au Boutannet de Montpellier ; 2°. un certificat des habitans et des autorités de la commune de Gigean, et 3°. des séries d'échantillons de divers sondages qu'il a exécutés, se rapportant aux descriptions de son journal.

RÉSUMÉ.

Messieurs,

Il résulte de tout ce que nous venons d'avoir l'honneur de vous exposer, 1°. que votre appel a été entendu ; que de tous côtés on s'est empressé d'y répondre, et que l'art de percer des puits artésiens ou fontaines artificielles, qui semblait anciennement être un privilége exclusif pour les pays de formation craïeuse de nos départemens du Nord, est maintenant introduit ou plutôt généralement répandu partout.

2°. Que de nombreuses associations se sont formées pour en établir sur tous les points de la France, et qu'en ce moment diverses compagnies percent des puits déjà très profonds, et dont le succès nous paraît infaillible.

3°. Que les cinq candidats dont nous vous avons fait connaître les travaux ont satisfait à plusieurs conditions de votre programme, en laissant cependant beaucoup à désirer sous le rapport de certaines difficultés, que jusqu'à ce jour aucun d'eux n'est encore parvenu à vaincre ou à surmonter, telles que l'entier percement du calcaire jurassique, celui des marnes et argiles irisées, celui de la grande masse de craie; enfin celui des grandes dépositions de sable coulant qui se trouvent entre certaines formations tertiaires, et qui ont fait abandonner un grand nombre de puits déjà très profonds.

Et 4°., que jusqu'à ce que les sondeurs soient parvenus à surmonter ces difficultés, il restera toujours de l'incertitude sur le succès des puits forés dans les pays qui ont précisément le plus besoin d'eau.

CONCLUSIONS.

En conséquence, et en considérant combien il importe à la prospérité de l'agriculture d'établir des puits forés ou fontaines artificielles dans les hautes plaines des départemens de la France qui n'ont d'autre ressource que des puits d'une profondeur excessive, encore souvent à sec dans les années de grande sécheresse,

Nous avons l'honneur de vous proposer, Messieurs, 1°. de proroger votre concours et d'ajourner le grand prix de 3,000 fr., jusqu'à ce que, par des puits forés jaillissans au dessus de la surface du sol, établis dans les calcaires jurassiques, les marnes argileuses irisées, la craie et les sables coulans, les sondeurs aient prouvé qu'ils sont parvenus à vaincre, et qu'ils savent surmonter toutes les difficultés que peut leur opposer le percement de ces divers terrains;

2°. De partager votre second prix de 2,000 fr. entre MM. *Flachat* frères, ingénieurs civils, et M. *Mulot,* mécanicien, à Épinay, près Saint-Denis;

3°. De partager le troisième prix de 1,000 fr. entre M. *Fraisse* de Perpignan, et M. *Poittevin,* de Tracy-le-Mont, près de Compiègne;

4°. D'accorder la grande médaille d'or, à titre d'encouragement, à M. *Farel*, de Montpellier;

Et 5°., d'insérer, au moins par extrait, dans vos *Mémoires* les pièces les plus importantes de ce concours.

Paris, le 31 mars 1830.

Les Membres de la Commission,

HACHETTE; HÉRICART DE THURY, *rapporteur.*

La Société royale et centrale d'agriculture, après avoir entendu le rapport de sa commission, et adoptant ses conclusions,

Décide 1°. que le concours des puits forés sera prorogé, et le grand prix de 3,000 francs ajourné jusqu'à ce que les sondeurs aient prouvé, par des puits jaillissant au dessus de la surface du sol, qu'ils sont parvenus à vaincre les difficultés que leur opposait le percement du calcaire jurassique des marnes argileuses irisées, de la craie et des sables coulans;

2°. Que le prix de 2,000 francs sera partagé

entre MM. *Flachat* frères, ingénieurs civils à Paris, et M. *Mulot*, mécanicien à Épinay près de Saint-Denis;

3°. Qu'elle partagera le prix de 1000 francs entre M. *Fraisse* aîné de Perpignan, et M. *Poittevin*, de Tracy-le-Mont, près de Compiègne;

4°. Qu'elle décernera sa grande médaille d'or, à titre d'encouragement, à M. *Farel*, de Montpellier;

5°. Que les pièces les plus importantes du concours seront imprimées au moins par extrait dans le recueil des *Mémoires* de la Société;

6°. Enfin que le Rapport de la Commission des puits forés sera immédiatement imprimé, pour être distribué, le jour de la séance publique, lors de la remise des prix décernés aux concurrens.

Le mercredi 31 mars 1830.

Le Vicomte HÉRICART DE THURY,

Président de la Société royale et centrale d'Agriculture;

Le Baron SÉGUIER, *Vice-Président;*

Le Baron DE SILVESTRE, *Secrétaire perpétuel;*

Le Chevalier CHALLAN, *Vice-Secrétaire.*

SONDEURS ET SOCIÉTÉS POUR LE FORAGE DES PUITS ARTÉSIENS, A PARIS ET DANS LES DÉPARTEMENS.

1. MM. *Flachat* frères, rue d'Artois, n°. 8, à Paris.

2. M. *Mulot*, mécanicien, à Épinay près de Saint-Denis, département de la Seine.

3. M. *Degouzé*, entrepreneur de sondages, rue de Chabrol, n°. 13, à Paris.

4. MM. *Armaingault Plaisant*, rue du Faubourg-Montmartre, n°. 15, à Paris.

5. M. *Hallette*, ingénieur-mécanicien, à Arras, département du Pas-de-Calais.

6. M. *Farel*, sondeur-mécanicien, à Montpellier, département de l'Hérault.

7. M. *Chartier*, à Phalempin près de Lille, département du Nord.

8. M. *Chartier*, à Gondrecourt près de Lille, département du Nord.

9. MM. *Beurier* père et fils, à Abbeville, département de la Somme.

10. M. *Benoît* et compagnie, à Troyes, département de l'Aube.

11. M. *Félix-la-Planche*, ingénieur-géomètre, à Gannat, département de l'Allier.

12. M. *Delièvre*, à Honfleur, département de
la Seine-Inférieure.

13. M. *Fortbras*, fontenier-sondeur, à Amiens,
département de la Somme.

14. *Alexandre Malteau*, sondeur à Rouen,
département de la Seine-Inférieure.

Nous regrettons de ne pouvoir faire connaître
ici toutes les associations qui se sont formées
dans les départemens pour le forage des puits
artésiens à Bordeaux, à Bourges, à Châlons, à
Dijon, à la Rochelle, à Moulins, à Marseille, à
Tours, à Saint-Quentin, à Troyes, etc., etc., et
nous profitons de cette circonstance pour enga-
ger les gérans de ces différentes associations à
vouloir bien se faire connaître au secrétariat de
la Société royale et centrale d'agriculture.

OUVRAGES A CONSULTER POUR LE FORAGE DES
PUITS ARTÉSIENS.

1°. *Traité des puits artésiens, ou sur les différentes espèces de terrains dans lesquels on doit
rechercher les eaux souterraines* ; par *Garnier*,
ingénieur en chef des mines. Seconde édition,
Paris, 1826. Chez *Bachelier*.

2°. *Considérations géologiques et physiques sur*